もくじ かけ算・わり算3年

ページ

かけ算・わり算のまとめ

0のかけ算・10倍した数

0のかけ算⇨どんな数に0をかけても答えは0です。0にどんな数をかけても答えは0です。
10倍した数⇨10倍すると位（くらい）が1つずつ上がり、もとの数の右に0を1こつけた数になります。

$0 \times 8 = 0$
$8 \times 0 = 0$
$8 \times 10 = 80$

かけ算の筆算

$$\begin{array}{r} 86 \\ \times\ \ 7 \\ \hline 602 \end{array} \qquad \begin{array}{r} 137 \\ \times\ \ \ 6 \\ \hline 822 \end{array} \qquad \begin{array}{r} 413 \\ \times\ \ 18 \\ \hline 3304 \\ 413\ \ \\ \hline 7434 \end{array}$$

位をたてにそろえて書いて計算します。
くり上がりに注意しましょう。

わり算

わり算は九九で考えます。あまりがあるときは「わりきれない」といい、あまりがないときは「わりきれる」といいます。
あまりはわる数より小さくなります。

あまり ＜ わる数

$6 \div 2 = 3$　←2のだんの九九で考えます。
六わる二は三
$2 \times 1 = 2$、$2 \times 2 = 4$、$2 \times \boxed{3} = 6$

$6 \div 1 = 6$　$6 \div 6 = 1$　$0 \div 6 = 0$

⑦÷②＝③ あまり①
（⑦：わられる数、②：わる数、①：あまり）

わる数 ＞ あまり

たしかめ ②×③＋①＝⑦
（②：わる数、①：あまり、⑦：わられる数）

月　日

10分

1 かけ算
かけ算のふくしゅう

／100点

1 かけ算をしましょう。　1つ5〔100点〕

❶ 2×4　❷ 9×9

❸ 3×8　❹ 5×3

❺ 1×3　❻ 6×7

❼ 5×7　❽ 2×8

❾ 4×6　❿ 8×5

⓫ 7×4　⓬ 9×2

⓭ 8×8　⓮ 7×1

⓯ 6×5　⓰ 3×6

⓱ 7×9　⓲ 4×4

⓳ 9×6　⓴ 2×1

答えは
65ページ

1 かけ算
かけ算のふくしゅう

／100点

1 かけ算をしましょう。　1つ5〔100点〕

❶ 5×8　❷ 9×3

❸ 8×6　❹ 2×7

❺ 7×7　❻ 8×9

❼ 9×5　❽ 6×6

❾ 6×9　❿ 3×4

⓫ 1×4　⓬ 5×5

⓭ 2×2　⓮ 7×8

⓯ 4×3　⓰ 5×9

⓱ 6×4　⓲ 1×8

⓳ 3×2　⓴ 4×7

答えは
65ページ

月　　日

1 かけ算
かけ算のきまり

／100点

1 □にあてはまる数を書きましょう。　1つ8〔40点〕

❶ $6\times9=\square\times6$

❷ $(3\times2)\times4=\square\times4=\square$

❸ $3\times(2\times4)=3\times\square=\square$

❹ $5\times4=5\times5-\square$

❺ $7\times6=7\times5+\square$

ポイント
計算のきまり①
■×●＝●×■
(■×●)×▲
＝■×(●×▲)

2 □にあてはまる数を書きましょう。　1つ15〔60点〕

❶ $4\times9=4\times(\square+3)$
$=4\times\square+4\times\square$

❷ $3\times7=3\times(\square-2)$
$=\square\times9-\square\times2$

❸ $7\times4+2\times4=(7+\square)\times\square$

❹ $6\times5+6\times1=\square\times(5+\square)$

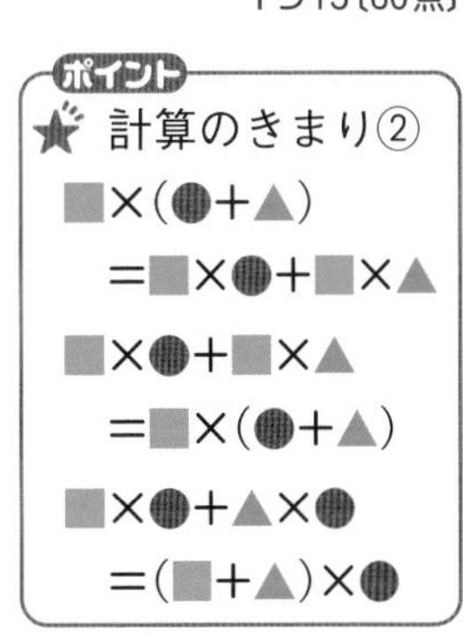

答えは
65ページ

月　　日

10分

1 かけ算

かけ算のきまり

／100点

1 □にあてはまる数を書きましょう。　1つ10〔100点〕

❶ $3\times8=\square\times3$

❷ $2\times(4\times3)=(2\times\square)\times3$

❸ $9\times6=9\times\square-9$

❹ $3\times5=3\times\square+3$

❺ $8\times7=\square\times6+8$

❻ $5\times6=\square\times7-5$

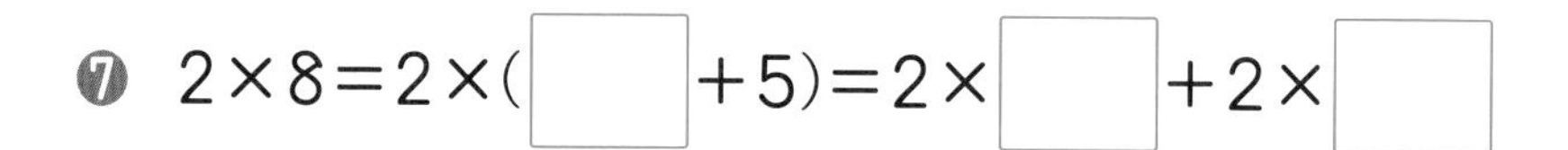

❼ $2\times8=2\times(\square+5)=2\times\square+2\times\square$

❽ $9\times6=9\times(\square-2)=\square\times8-9\times\square$

❾ $4\times2+4\times6=\square\times(2+\square)$

❿ $5\times7-1\times7=(\square-1)\times\square$

答えは
65ページ

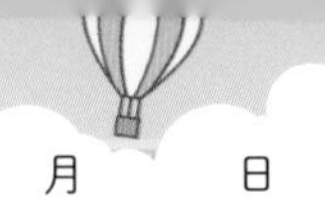

月　日

1 かけ算
0のかけ算
10のかけ算

／100点

1 □にあてはまる数を書きましょう。　1つ6〔36点〕

❶ $9\times0=\square$

❷ $0\times3=\square+\square+\square=0$

❸ $0\times0=\square$

❹ 3×10 ＜ $3\times\square=\square$ / $3\times1=\square$

あわせて＝□

❺ $10\times3=\square+\square+\square=\square$

❻ $10\times3=\square\times10=3\times9+\square=\square$

ポイント
★ 0は何もないことを表(あらわ)し、どんな数に0をかけても答えは0になり、0にどんな数をかけても答えは0になる。

2 かけ算をしましょう。　1つ8〔64点〕

❶ 1×0

❷ 6×0

❸ 0×4

❹ 0×7

❺ 10×5

❻ 10×7

❼ 9×10

❽ 4×10

答えは
65ページ

月　　日

1 かけ算
0 のかけ算
10 のかけ算

／100点

1 かけ算をしましょう。　1つ5〔40点〕

❶ 2×0　❷ 7×0

❸ 0×8　❹ 0×9

❺ 3×0　❻ 0×6

❼ 0×5　❽ 4×0

2 かけ算をしましょう。　1つ6〔60点〕

❶ 10×2　❷ 2×10

❸ 10×9　❹ 6×10

❺ 10×6　❻ 5×10

❼ 10×8　❽ 8×10

❾ 10×1　❿ 7×10

答えは
65ページ

月　日

10分

2 わり算
2～6のだんの九九を使うわり算

／100点

1 □にあてはまる数を書きましょう。　1つ6〔36点〕

> ❶ 2のだんの九九を考える。
> ❹～❻ わり算は九九を使(つか)って考えていく。

❶ 2×□＝8

❷ 5×□＝25

❸ 3×□＝9

❹ 8÷2＝□

❺ 25÷5＝□

❻ 9÷3＝□

2 わり算をしましょう。　1つ8〔64点〕

❶ 40÷5

❷ 10÷2

❸ 12÷3

❹ 36÷6

❺ 32÷4

❻ 30÷5

❼ 24÷6

❽ 18÷3

答えは
65ページ

月　日

2 わり算

2～6のだんの九九を使うわり算

／100点

1 わり算をしましょう。　1つ5〔100点〕

❶ 16÷2　❷ 30÷6

❸ 24÷4　❹ 15÷5

❺ 8÷4　❻ 15÷3

❼ 18÷6　❽ 12÷4

❾ 20÷5　❿ 18÷2

⓫ 24÷3　⓬ 28÷4

⓭ 6÷6　⓮ 21÷3

⓯ 45÷5　⓰ 4÷2

⓱ 54÷6　⓲ 20÷4

⓳ 12÷2　⓴ 35÷5

答えは
65ページ

月　日

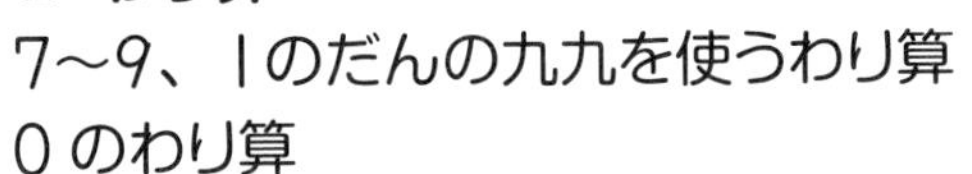

2 わり算

7～9、1のだんの九九を使うわり算
0のわり算

／100点

1 □にあてはまる数を書きましょう。　1つ6〔36点〕

❶ 1×□＝9

❷ 7×□＝63

❸ 4×□＝0

❹ 9÷1＝□

❺ 63÷7＝□

❻ 0÷4＝□

> ❶ 1のだんの九九を考える。
> ❹❺ わり算は九九を使(つか)って考えていく。
> ❻ 0をどんな数でわっても、答えは0になる。

2 わり算をしましょう。　1つ8〔64点〕

❶ 28÷7

❷ 48÷8

❸ 14÷7

❹ 63÷9

❺ 24÷8

❻ 45÷9

❼ 5÷1

❽ 0÷6

答えは
65ページ

月　　日

10分

2 わり算

7〜9、1のだんの九九を使うわり算
0のわり算

／100点

1 わり算をしましょう。　　1つ5〔100点〕

❶ 35÷7

❷ 64÷8

❸ 27÷9

❹ 4÷1

❺ 0÷8

❻ 49÷7

❼ 54÷9

❽ 3÷1

❾ 40÷8

❿ 6÷1

⓫ 0÷3

⓬ 42÷7

⓭ 32÷8

⓮ 72÷9

⓯ 2÷1

⓰ 56÷8

⓱ 0÷2

⓲ 18÷9

⓳ 21÷7

⓴ 8÷1

答えは
66ページ

月　日

10分

2 わり算
九九を使うわり算

／100点

1 わり算をしましょう。　1つ5〔100点〕

❶ 10÷5　❷ 21÷3

❸ 48÷6　❹ 28÷4

❺ 16÷2　❻ 35÷5

❼ 21÷7　❽ 36÷6

❾ 16÷8　❿ 27÷9

⓫ 42÷7　⓬ 45÷5

⓭ 14÷2　⓮ 56÷8

⓯ 63÷7　⓰ 5÷1

⓱ 0÷1　⓲ 0÷9

⓳ 3÷3　⓴ 4÷4

答えは
66ページ

月　　日

2 わり算
九九を使うわり算

／100点

1 わり算をしましょう。　　1つ5〔100点〕

❶ $36 \div 4$　　❷ $15 \div 5$

❸ $12 \div 6$　　❹ $54 \div 9$

❺ $72 \div 8$　　❻ $27 \div 3$

❼ $42 \div 6$　　❽ $25 \div 5$

❾ $16 \div 4$　　❿ $20 \div 5$

⓫ $56 \div 7$　　⓬ $54 \div 6$

⓭ $36 \div 9$　　⓮ $64 \div 8$

⓯ $81 \div 9$　　⓰ $9 \div 1$

⓱ $0 \div 5$　　⓲ $0 \div 7$

⓳ $9 \div 9$　　⓴ $2 \div 2$

答えは
66ページ

月　　日

10分

2 わり算
何倍を考える計算

／100点

1 □にあてはまる数を書きましょう。　1つ10〔30点〕

❶ 5の□倍(ばい)は20です。

❷ □の3倍は12です。

❸ 32は、8の□倍です。

★「何倍」は、かけ算で表(あらわ)す。
❶ 5×□＝20
❸ 32＝8×□

2 □にあてはまる数を書きましょう。　1つ10〔70点〕

❶ 4の□倍は24です。

❷ 6の□倍は36です。

❸ 9の□倍は45です。

❹ □の2倍は18です。

❺ □の7倍は49です。

❻ 72は、9の□倍です。

❼ 27は、3の□倍です。

答えは
66ページ

月　日

10分

2 わり算
何倍を考える計算

／100点

1 □にあてはまる数を書きましょう。　1つ10〔100点〕

❶ 2の□倍(ばい)は16です。

❷ 8の□倍は40です。

❸ 3の□倍は21です。

❹ □の4倍は16です。

❺ □の3倍は9です。

❻ □の8倍は64です。

❼ 35は、7の□倍です。

❽ 81は、9の□倍です。

❾ 5は、1の□倍です。

❿ 42は、6の□倍です。

答えは66ページ

月　日

2 わり算

何十のわり算
答えが 2けたになるわり算

／100点

1 □にあてはまる数を書きましょう。　1つ10〔20点〕

❶ 40÷4

40は、10が□こ

➡ 4÷4=□より、

40÷4=□

> ❶ 40は、10が4こと考えて、4÷4=1より、
> 答えは10が1ことなる。
> ❷ 48を40と8に分けて考える。
> 40÷4=10
> 8÷4= 2　あわせて12

❷ 48÷4

48を□と8に分ける ➡ 40÷4=□　8÷4=2 ➡ あわせて、□

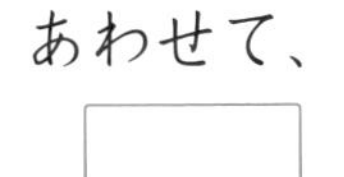

2 わり算をしましょう。　1つ10〔80点〕

❶ 80÷2　❷ 50÷5　❸ 60÷3

❹ 26÷2　❺ 69÷3　❻ 88÷8

❼ 36÷3　❽ 93÷3

答えは
66ページ

月　日

2 わり算

何十のわり算
答えが 2けたになるわり算

／100点

1 わり算をしましょう。　1つ5〔30点〕

❶ 30÷3　❷ 80÷4

❸ 70÷7　❹ 60÷2

❺ 90÷9　❻ 60÷6

2 わり算をしましょう。　1つ7〔70点〕

❶ 66÷3　❷ 84÷4

❸ 28÷2　❹ 88÷4

❺ 96÷3　❻ 84÷2

❼ 77÷7　❽ 68÷2

❾ 55÷5　❿ 63÷3

答えは
66ページ

月　日

3 あまりのあるわり算

2～6 でわるあまりのあるわり算

／100点

1 □にあてはまる数を書きましょう。　1つ6〔36点〕

❶ 17÷5=□ あまり □

❷ 58÷6=□ あまり □

❸ 15÷4=□ あまり □

❹ 11÷3=□ あまり □

❺ 7÷2=□ あまり □

❻ 34÷4=□ あまり □

> ❶ 5×3=15、
> 17−15=2 だから、
> このわり算は「わりきれない」といい、「あまり」があることになる。
> 17÷5=3 あまり 2

> **ポイント**
> 「あまり」はいつも「わる数」より小さくなる。

2 わり算をしましょう。　1つ8〔64点〕

❶ 15÷2　　❷ 23÷3

❸ 35÷6　　❹ 48÷5

❺ 39÷4　　❻ 16÷6

❼ 23÷5　　❽ 17÷3

答えは 66ページ

月　日

3 あまりのあるわり算

2～6 でわるあまりのあるわり算

／100点

1 わり算をしましょう。　1つ5〔100点〕

❶ 22÷4　　❷ 28÷5

❸ 13÷2　　❹ 26÷3

❺ 17÷2　　❻ 20÷3

❼ 38÷6　　❽ 11÷2

❾ 27÷4　　❿ 42÷5

⓫ 14÷3　　⓬ 50÷6

⓭ 31÷4　　⓮ 32÷5

⓯ 22÷6　　⓰ 18÷4

⓱ 39÷5　　⓲ 28÷3

⓳ 45÷6　　⓴ 9÷2

答えは
66ページ

月　　日

10分

3 あまりのあるわり算

7～9 でわるあまりのあるわり算

／100点

1 □にあてはまる数を書きましょう。　1つ6〔36点〕

❶ $41 \div 7 =$ □ あまり □

❷ $18 \div 8 =$ □ あまり □

❸ $75 \div 9 =$ □ あまり □

❹ $44 \div 8 =$ □ あまり □

❺ $20 \div 9 =$ □ あまり □

❻ $18 \div 7 =$ □ あまり □

❶ $7 \times 5 = 35$、
$41 - 35 = 6$ だから、
$41 \div 7 = 5$ あまり 6

2 わり算をしましょう。　1つ8〔64点〕

❶ $27 \div 7$　　❷ $37 \div 9$

❸ $43 \div 7$　　❹ $34 \div 9$

❺ $27 \div 8$　　❻ $58 \div 7$

❼ $42 \div 8$　　❽ $67 \div 9$

答えは
66ページ

月　日

3 あまりのあるわり算
7～9 でわるあまりのあるわり算

／100点

1 わり算をしましょう。　1つ5〔100点〕

① $25 \div 7$

② $35 \div 9$

③ $40 \div 7$

④ $33 \div 9$

⑤ $41 \div 8$

⑥ $26 \div 7$

⑦ $30 \div 8$

⑧ $44 \div 9$

⑨ $29 \div 7$

⑩ $45 \div 8$

⑪ $19 \div 7$

⑫ $50 \div 9$

⑬ $31 \div 9$

⑭ $43 \div 8$

⑮ $14 \div 8$

⑯ $12 \div 7$

⑰ $39 \div 8$

⑱ $52 \div 7$

⑲ $38 \div 9$

⑳ $29 \div 8$

答えは
67ページ

月　日

10分

3 あまりのあるわり算

あまりのあるわり算

／100点

1 わり算をしましょう。　1つ5〔100点〕

❶ $47 \div 5$

❷ $25 \div 9$

❸ $5 \div 2$

❹ $17 \div 6$

❺ $22 \div 8$

❻ $37 \div 4$

❼ $4 \div 3$

❽ $22 \div 7$

❾ $33 \div 6$

❿ $29 \div 5$

⓫ $6 \div 4$

⓬ $31 \div 8$

⓭ $44 \div 7$

⓮ $13 \div 3$

⓯ $15 \div 7$

⓰ $40 \div 9$

⓱ $8 \div 5$

⓲ $32 \div 6$

⓳ $37 \div 8$

⓴ $29 \div 3$

答えは
67ページ

月　日

3 あまりのあるわり算
あまりのあるわり算

／100点

1 わり算をしましょう。　1つ5〔100点〕

❶ $20\div8$

❷ $39\div7$

❸ $36\div5$

❹ $16\div3$

❺ $20\div6$

❻ $30\div9$

❼ $19\div3$

❽ $10\div4$

❾ $3\div2$

❿ $49\div6$

⓫ $19\div4$

⓬ $45\div7$

⓭ $33\div7$

⓮ $27\div5$

⓯ $34\div5$

⓰ $5\div3$

⓱ $15\div8$

⓲ $26\div4$

⓳ $21\div6$

⓴ $71\div9$

答えは
67ページ

月　　日

3 あまりのあるわり算
わり算の答えのたしかめ

／100点

1 「7÷3＝2 あまり 1」の答えのたしかめをする式(しき)をつくります。□にあてはまる数を書きましょう。〔12点〕

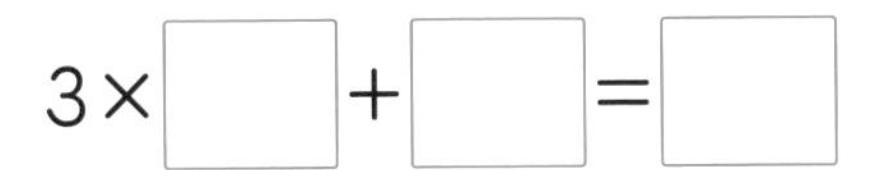

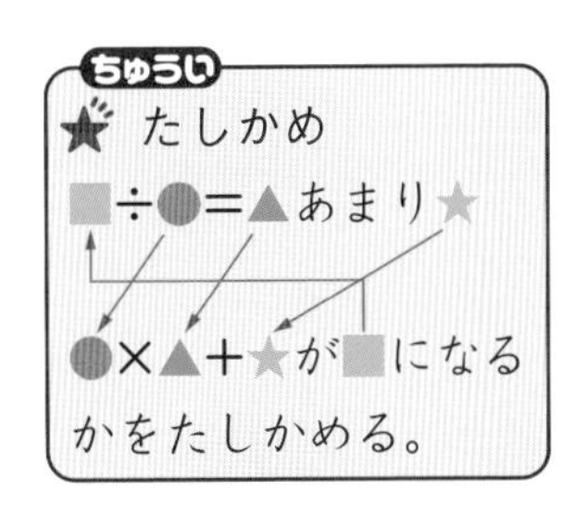

2 わり算をしましょう。また、答えのたしかめもしましょう。

1つ11〔88点〕

❶ 23÷4

たしかめ（　　　　　　　　　　　　）

❷ 35÷8

たしかめ（　　　　　　　　　　　　）

❸ 33÷5

たしかめ（　　　　　　　　　　　　）

❹ 60÷7

たしかめ（　　　　　　　　　　　　）

答えは
67ページ

月　日

10分

3 あまりのあるわり算
わり算の答えのたしかめ

／100点

1 わり算をしましょう。　1つ10〔40点〕

❶ $22 \div 3$　❷ $19 \div 2$

❸ $51 \div 6$　❹ $53 \div 8$

2 わり算をしましょう。また答えのたしかめもしましょう。　1つ6〔60点〕

❶ $35 \div 4$

たしかめ（　　）

❷ $13 \div 5$

たしかめ（　　）

❸ $38 \div 7$

たしかめ（　　）

❹ $25 \div 3$

たしかめ（　　）

❺ $74 \div 9$

たしかめ（　　）

答えは
67ページ

月　　日

4 わり算のまとめ

／100点

1 わり算をしましょう。　1つ5〔100点〕

❶ $41 \div 5$　❷ $35 \div 7$

❸ $28 \div 8$　❹ $8 \div 3$

❺ $43 \div 9$　❻ $48 \div 6$

❼ $5 \div 5$　❽ $25 \div 4$

❾ $13 \div 2$　❿ $16 \div 4$

⓫ $81 \div 9$　⓬ $63 \div 8$

⓭ $3 \div 3$　⓮ $44 \div 6$

⓯ $30 \div 7$　⓰ $60 \div 9$

⓱ $16 \div 8$　⓲ $30 \div 4$

⓳ $17 \div 7$　⓴ $18 \div 6$

答えは
67ページ

月　日

4 わり算のまとめ

／100点

1 わり算をしましょう。　1つ5〔100点〕

❶ $36 \div 4$　❷ $59 \div 7$

❸ $39 \div 9$　❹ $8 \div 8$

❺ $38 \div 4$　❻ $11 \div 2$

❼ $18 \div 5$　❽ $49 \div 7$

❾ $55 \div 6$　❿ $70 \div 8$

⓫ $6 \div 2$　⓬ $12 \div 6$

⓭ $10 \div 3$　⓮ $14 \div 4$

⓯ $16 \div 5$　⓰ $18 \div 9$

⓱ $72 \div 8$　⓲ $13 \div 6$

⓳ $54 \div 8$　⓴ $12 \div 3$

答えは
68ページ

月　日

5 大きな数

10倍、100倍、1000倍した数
10でわった数

／100点

1 計算をしましょう。　1つ6〔60点〕

① 19×10

② 520×10

③ 7235×10

④ 480×100

⑤ 6250×100

⑥ 33×1000

⑦ 920÷10

⑧ 880÷10

⑨ 2600÷10

⑩ 3800÷10

> ① 10倍(ばい)すると、位(くらい)が1つ上がり、もとの数の右はしに0を1こつけた数になる。
> ④ 100倍すると、位が2つ上がり、もとの数の右はしに0を2こつけた数になる。
> ⑦ 一の位が0の数を10でわると、位が1つ下がり、もとの数の一の位の0がとれる。

2 計算をしましょう。　1つ8〔40点〕

① 27×10

② 850×10

③ 69×100

④ 770×1000

⑤ 480÷10

答えは68ページ

月　　日

5 大きな数

10 倍、100 倍、1000 倍した数
10 でわった数

／100点

1 計算をしましょう。　　1つ5〔100点〕

❶ 44×10　　❷ 98×100

❸ $330\div10$　　❹ 75×1000

❺ $590\div10$　　❻ 82×10

❼ 61×100　　❽ $760\div10$

❾ 645×10　　❿ 100×1000

⓫ $370\div10$　　⓬ 580×100

⓭ 665×10　　⓮ $4500\div10$

⓯ 700×10　　⓰ 328×100

⓱ $5600\div10$　　⓲ 526×10

⓳ 91×1000　　⓴ 830×100

答えは
68ページ

月　　日

6 かけ算の筆算（1）
くり上がりのない（2けた）×（1けた）の計算

／100点

1 かけ算をしましょう。　1つ10〔20点〕

❶
	3	4
×		2

2　1

★ 筆算(ひっさん)は、位(くらい)をたててそろえて書き、一の位からじゅんにかけ算をする。
1「二四が 8」の 8 を一の位に書く。
2「二三が 6」の 6 を十の位に書く。

❷
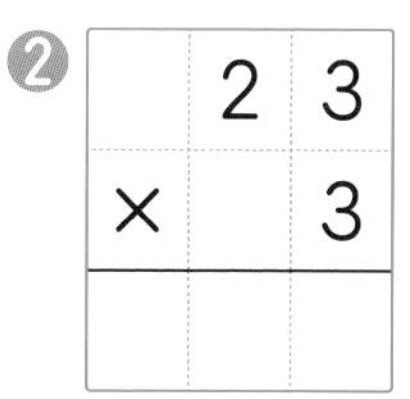

	2	3
×		3

2 かけ算をしましょう。　1つ10〔80点〕

❶
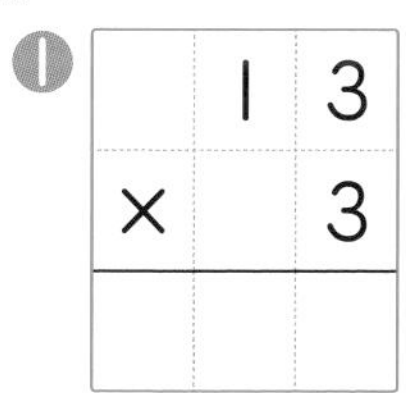

	1	3
×		3

❷
	9	8
×		1

❸
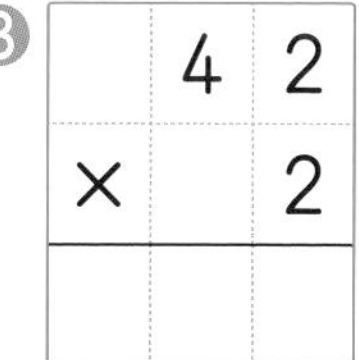

	4	2
×		2

❹
	2	1
×		4

❺
	3	0
×		3

❻
	2	2
×		4

❼
$$\begin{array}{r} 32 \\ \times\ \ 2 \\ \hline \end{array}$$

❽
$$\begin{array}{r} 44 \\ \times\ \ 2 \\ \hline \end{array}$$

答えは
68ページ

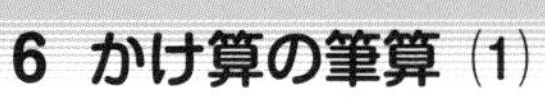

6 かけ算の筆算（1）
くり上がりのない
（2けた）×（1けた）の計算

月　日

／100点

1 かけ算をしましょう。　1つ6〔36点〕

❶ $\begin{array}{r} 43 \\ \times \quad 2 \\ \hline \end{array}$

❷ $\begin{array}{r} 33 \\ \times \quad 3 \\ \hline \end{array}$

❸ $\begin{array}{r} 24 \\ \times \quad 2 \\ \hline \end{array}$

❹ $\begin{array}{r} 73 \\ \times \quad 1 \\ \hline \end{array}$

❺ $\begin{array}{r} 22 \\ \times \quad 3 \\ \hline \end{array}$

❻ $\begin{array}{r} 40 \\ \times \quad 2 \\ \hline \end{array}$

2 かけ算をしましょう。　1つ8〔24点〕

❶ 32×3

❷ 20×4

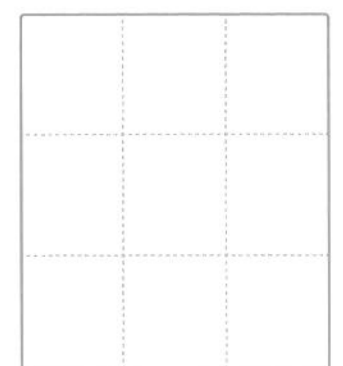

❸ 33×2

3 かけ算をしましょう。　1つ10〔40点〕

❶ 14×2

❷ 41×2

❸ 23×2

❹ 21×3

答えは
68ページ

月　　日

6 かけ算の筆算（1）

くり上がりのある（2けた）×（1けた）の計算

／100点

1 かけ算をしましょう。　1つ10〔20点〕

❶

	1	8
×		4

2　1

1「四八 32」の 2 を一の位(くらい)に書き、3 を十の位にくり上げる。

2「四一が 4」の 4 に、くり上げた 3 をたした 7 を十の位に書く。

❷

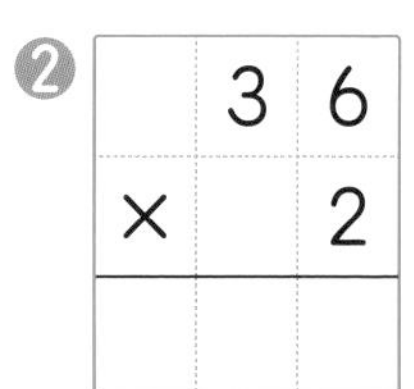

	3	6
×		2

2 かけ算をしましょう。　1つ10〔80点〕

❶

	2	9
×		3

	3	7
×		2

❸

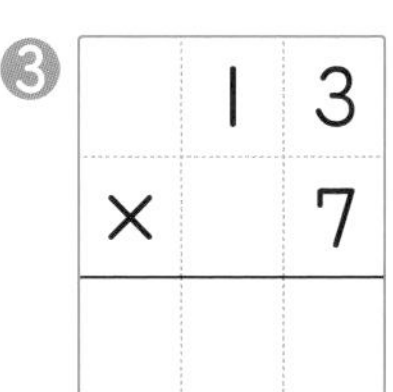

	1	3
×		7

❹

	2	4
×		4

❺

	1	5
×		6

❻

	4	8
×		2

❼

$$\begin{array}{r} 12 \\ \times\ \ 8 \\ \hline \end{array}$$

❽

$$\begin{array}{r} 25 \\ \times\ \ 3 \\ \hline \end{array}$$

答えは68ページ

月　日　10分

6 かけ算の筆算 (1)
くり上がりのある
(2けた)×(1けた)の計算

／100点

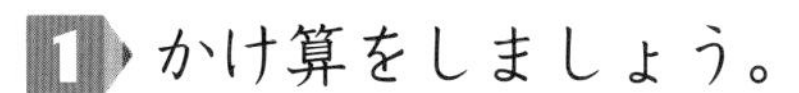

1 かけ算をしましょう。　1つ6〔36点〕

❶ $\begin{array}{r} 14 \\ \times\ \ 4 \\ \hline \end{array}$　❷ $\begin{array}{r} 26 \\ \times\ \ 3 \\ \hline \end{array}$　❸ $\begin{array}{r} 17 \\ \times\ \ 5 \\ \hline \end{array}$

❹ $\begin{array}{r} 49 \\ \times\ \ 2 \\ \hline \end{array}$　❺ $\begin{array}{r} 27 \\ \times\ \ 3 \\ \hline \end{array}$　❻ $\begin{array}{r} 39 \\ \times\ \ 2 \\ \hline \end{array}$

2 かけ算をしましょう。　1つ8〔24点〕

❶ 16×5　❷ 38×2　❸ 28×3

3 かけ算をしましょう。　1つ10〔40点〕

❶ 12×7　❷ 35×2

❸ 19×5　❹ 46×2

答えは
68ページ

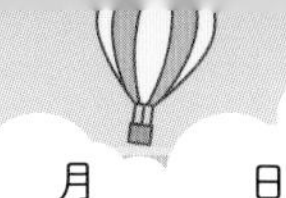

月　　日

6 かけ算の筆算（1）
くり上がりのない（3けた）×（1けた）の計算

／100点

1 かけ算をしましょう。　1つ10〔20点〕

❶

	4	1	2
×			2
	3	2	1

1「二二が4」の4を一の位（くらい）に書く。
2「二一が2」の2を十の位に書く。
3「二四が8」の8を百の位に書く。

❷

	3	0	2
×			3

2 かけ算をしましょう。　1つ10〔80点〕

❶

	2	1	3
×			3

❷

	1	2	2
×			4

❸

	2	1	0
×			4

❹

	4	0	0
×			2

❺

	3	3	1
×			3

❻

	1	1	4
×			2

❼ 234 × 2

❽ 411 × 2

答えは
68ページ

月　日

6 かけ算の筆算（1）

くり上がりのない
（3けた）×（1けた）の計算

／100点

1 かけ算をしましょう。　1つ6〔36点〕

❶ 404×2

❷ 223×3

❸ 311×3

❹ 211×4

❺ 303×3

❻ 421×2

2 かけ算をしましょう。　1つ8〔24点〕

❶ 320×2

❷ 121×4

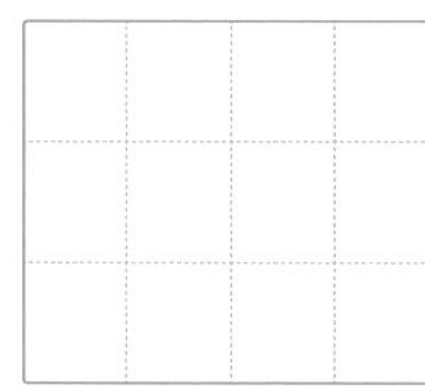

❸ 444×2

3 かけ算をしましょう。　1つ10〔40点〕

❶ 102×4

❷ 330×3

❸ 243×2

❹ 111×7

答えは
69ページ

月　　日

6 かけ算の筆算 (1)

くり上がりの 1 回ある (3けた)×(1けた)の計算

／100点

1 かけ算をしましょう。　　1つ10〔20点〕

❶

	2	2	6
×			3
	3	2	1

1 「三六 18」の 8 を一の位（くらい）に書き、1 を十の位にくり上げる。
2 「三二が 6」の 6 に、くり上げた 1 をたした 7 を十の位に書く。
3 「三二が 6」の 6 を百の位に書く。

❷

	3	6	4
×			2

2 かけ算をしましょう。　　1つ10〔80点〕

❶

	2	4	7
×			2

❷

	1	8	2
×			3

❸

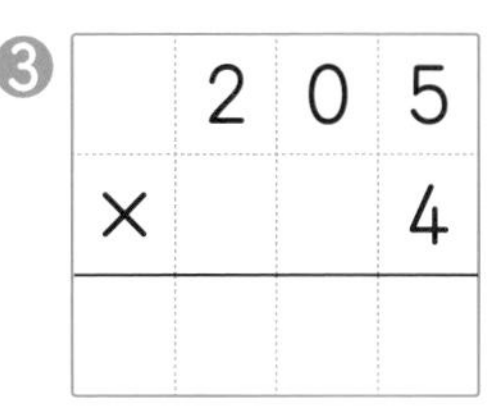

	2	0	5
×			4

❹

	3	2	5
×			3

❺

	1	5	0
×			6

❻

	1	0	7
×			8

❼

	7	1	2
×			4

❽

	2	6	3
×			3

答えは 69ページ

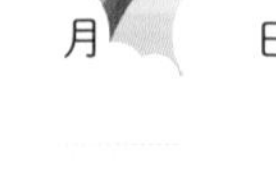

月　　日

6 かけ算の筆算（1）
くり上がりの１回ある
（3けた）×（1けた）の計算

／100点

1 かけ算をしましょう。　　1つ6〔36点〕

❶ $\begin{array}{r} 439 \\ \times \quad 2 \\ \hline \end{array}$　❷ $\begin{array}{r} 354 \\ \times \quad 2 \\ \hline \end{array}$　❸ $\begin{array}{r} 307 \\ \times \quad 3 \\ \hline \end{array}$

❹ $\begin{array}{r} 328 \\ \times \quad 3 \\ \hline \end{array}$　❺ $\begin{array}{r} 422 \\ \times \quad 4 \\ \hline \end{array}$　❻ $\begin{array}{r} 209 \\ \times \quad 4 \\ \hline \end{array}$

2 かけ算をしましょう。　　1つ8〔24点〕

❶ 345×2　❷ 384×2　❸ 319×3

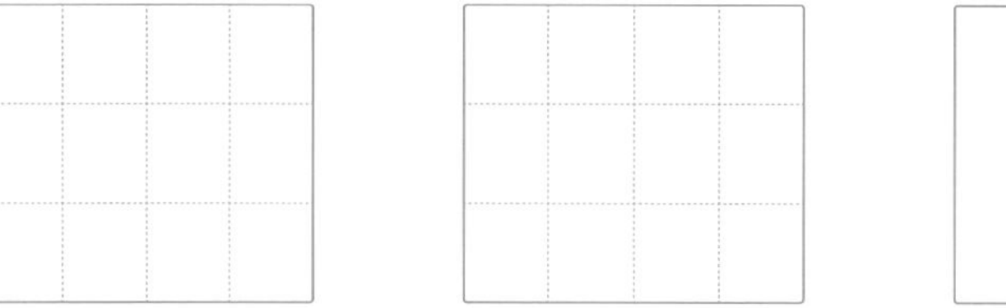

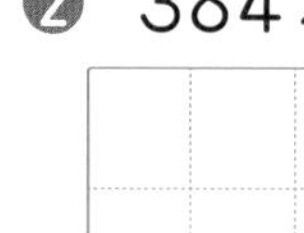

3 かけ算をしましょう。　　1つ10〔40点〕

❶ 238×2　❷ 192×4

❸ 623×3　❹ 309×3

答えは
69ページ

月　日

6 かけ算の筆算（1）
くり上がりのある （3けた）×（1けた）の計算

／100点

1 かけ算をしましょう。　1つ10〔20点〕

❶

	2	4	5
×			3

2　1

1「三四12」の12に、くり上げた1をたした13の3を十の位（くらい）に書き、1を百の位にくり上げる。
2「三二が6」の6に、くり上げた1をたした7を百の位に書く。

❷

	6	8	7
×			5

2 かけ算をしましょう。　1つ10〔80点〕

❶

	3	7	9
×			2

❷

	7	1	3
×			8

❸

	5	9	5
×			4

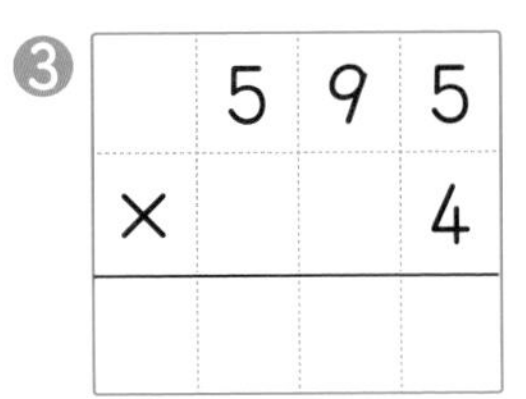

❹

	6	2	0
×			9

❺

	5	0	8
×			3

❻

	4	6	3
×			7

❼ $\begin{array}{r} 495 \\ \times \quad 6 \\ \hline \end{array}$

❽ $\begin{array}{r} 382 \\ \times \quad 5 \\ \hline \end{array}$

答えは69ページ

6 かけ算の筆算 (1)

くり上がりのある (3けた)×(1けた)の計算

／100点

1 かけ算をしましょう。 1つ6〔36点〕

❶ $\begin{array}{r} 837 \\ \times\quad 3 \\ \hline \end{array}$　❷ $\begin{array}{r} 259 \\ \times\quad 6 \\ \hline \end{array}$　❸ $\begin{array}{r} 287 \\ \times\quad 3 \\ \hline \end{array}$

❹ $\begin{array}{r} 341 \\ \times\quad 7 \\ \hline \end{array}$　❺ $\begin{array}{r} 672 \\ \times\quad 8 \\ \hline \end{array}$　❻ $\begin{array}{r} 526 \\ \times\quad 4 \\ \hline \end{array}$

2 かけ算をしましょう。 1つ8〔24点〕

❶ 458×2　❷ 388×5　❸ 573×4

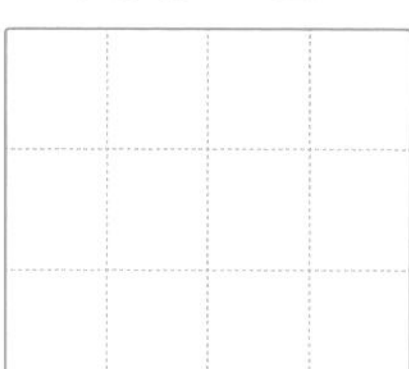

3 かけ算をしましょう。 1つ10〔40点〕

❶ 377×8　❷ 294×9

❸ 538×7　❹ 846×3

答えは 69ページ

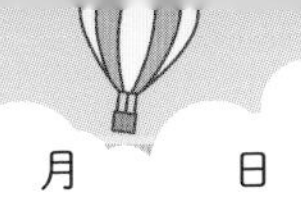

月　　日

7 かけ算のまとめ (1)

／100点

1 かけ算をしましょう。

1つ6〔36点〕

❶ $\begin{array}{r} 48 \\ \times\ \ 7 \\ \hline \end{array}$

❷ $\begin{array}{r} 85 \\ \times\ \ 3 \\ \hline \end{array}$

❸ $\begin{array}{r} 416 \\ \times\ \ \ 4 \\ \hline \end{array}$

❹ $\begin{array}{r} 692 \\ \times\ \ \ 8 \\ \hline \end{array}$

❺ $\begin{array}{r} 157 \\ \times\ \ \ 6 \\ \hline \end{array}$

❻ $\begin{array}{r} 823 \\ \times\ \ \ 2 \\ \hline \end{array}$

2 かけ算をしましょう。

1つ8〔24点〕

❶ 97×8

❷ 249×7

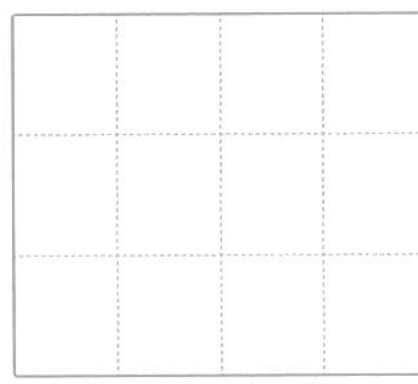

❸ 546×3

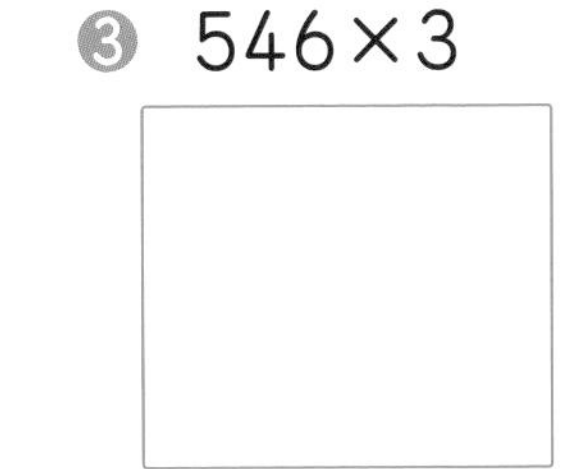

3 かけ算をしましょう。

1つ10〔40点〕

❶ 63×5

❷ 374×4

❸ 919×2

❹ 709×6

答えは
69ページ

月　日

7 かけ算のまとめ (1)

／100点

1 かけ算をしましょう。　1つ6〔36点〕

❶ $\begin{array}{r} 56 \\ \times\ \ 6 \\ \hline \end{array}$

❷ $\begin{array}{r} 35 \\ \times\ \ 8 \\ \hline \end{array}$

❸ $\begin{array}{r} 643 \\ \times\ \ \ 5 \\ \hline \end{array}$

❹ $\begin{array}{r} 788 \\ \times\ \ \ 3 \\ \hline \end{array}$

❺ $\begin{array}{r} 276 \\ \times\ \ \ 9 \\ \hline \end{array}$

❻ $\begin{array}{r} 967 \\ \times\ \ \ 7 \\ \hline \end{array}$

2 かけ算をしましょう。　1つ8〔24点〕

❶ 72×4　❷ 394×8　❸ 583×5

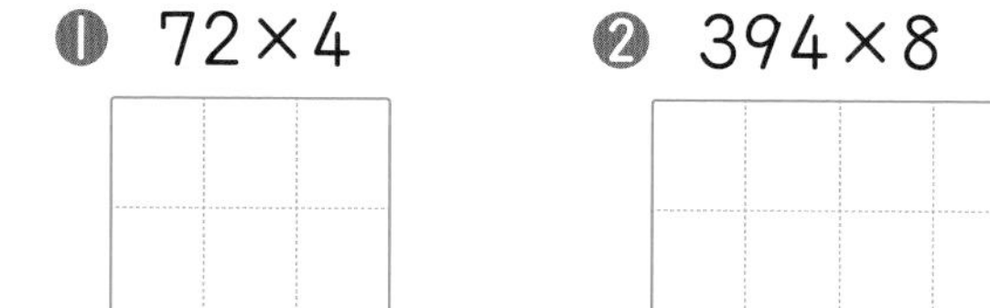

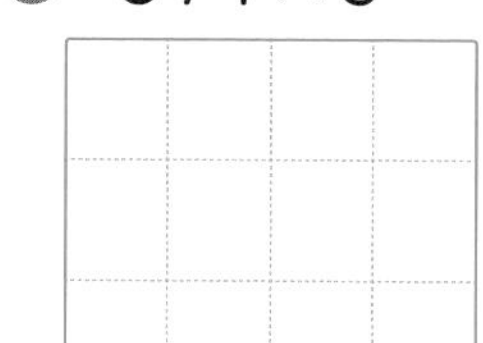

3 かけ算をしましょう。　1つ10〔40点〕

❶ 23×9　❷ 149×7

❸ 485×6　❹ 859×3

答えは
69ページ

月　　日

8 かけ算の筆算 (2)
何十をかける計算

／100点

1 □にあてはまる数を書きましょう。 1つ10〔20点〕

❶ $6\times20=6\times(\square\times10)$

$=(6\times\square)\times10$

$=\square\times10=\square$

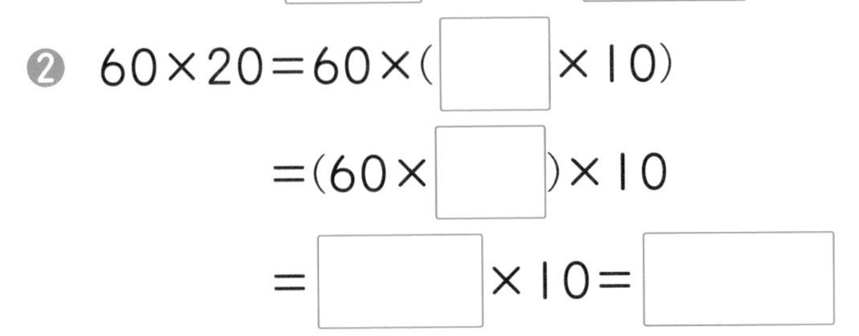

❷ $60\times20=60\times(\square\times10)$

$=(60\times\square)\times10$

$=\square\times10=\square$

2 かけ算をしましょう。 1つ10〔80点〕

❶ 4×50

❷ 40×50

❸ 8×60

❹ 80×60

❺ 7×30

❻ 70×30

❼ 9×80

❽ 90×80

答えは
69ページ

月　日

10分

8 かけ算の筆算 (2)
何十をかける計算

／100点

1 かけ算をしましょう。　1つ5〔100点〕

❶ 7×40　❷ 9×90

❸ 6×40　❹ 20×30

❺ 50×70　❻ 70×80

❼ 80×50　❽ 2×90

❾ 6×70　❿ 30×80

⓫ 5×20　⓬ 3×60

⓭ 8×30　⓮ 40×90

⓯ 20×60　⓰ 90×50

⓱ 60×80　⓲ 7×50

⓳ 5×40　⓴ 40×30

答えは69ページ

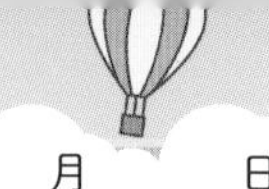

月　　日

8 かけ算の筆算 (2)
(2けた)×(何十)の計算

／100点

1 かけ算をしましょう。　1つ10〔20点〕

❶
$$\begin{array}{r} 32 \\ \times 20 \\ \hline \end{array}$$

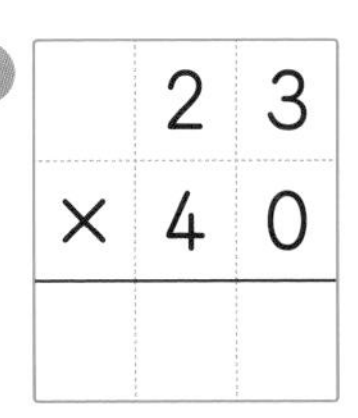

$$\begin{array}{r} 32 \\ \times 20 \\ \hline 00 \\ 64 \\ \hline 640 \end{array}$$

←ふつうは00を書かない。

⬇

$$\begin{array}{r} 32 \\ \times 20 \\ \hline 640 \end{array}$$

0を先に書いて32×2の計算をする。

❷
$$\begin{array}{r} 23 \\ \times 40 \\ \hline \end{array}$$

2 かけ算をしましょう。　1つ10〔80点〕

❶
$$\begin{array}{r} 33 \\ \times 30 \\ \hline \end{array}$$

❷
$$\begin{array}{r} 17 \\ \times 50 \\ \hline \end{array}$$

❸
$$\begin{array}{r} 25 \\ \times 60 \\ \hline \end{array}$$

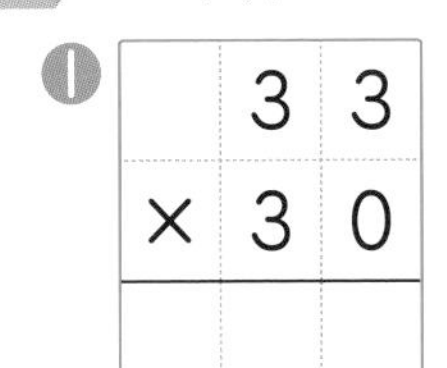

❹
$$\begin{array}{r} 13 \\ \times 90 \\ \hline \end{array}$$

❺
$$\begin{array}{r} 32 \\ \times 40 \\ \hline \end{array}$$

❻
$$\begin{array}{r} 78 \\ \times 20 \\ \hline \end{array}$$

❼
$$\begin{array}{r} 56 \\ \times 70 \\ \hline \end{array}$$

❽
$$\begin{array}{r} 43 \\ \times 80 \\ \hline \end{array}$$

答えは
69ページ

8 かけ算の筆算 (2)
(2けた)×(何十)の計算

1 かけ算をしましょう。　1つ6〔36点〕

❶ 26×30

❷ 14×50

❸ 37×20

❹ 39×40

❺ 28×80

❻ 43×60

2 かけ算をしましょう。　1つ8〔24点〕

❶ 42×20

❷ 31×90

❸ 18×60

3 かけ算をしましょう。　1つ10〔40点〕

❶ 12×70

❷ 62×40

❸ 25×30

❹ 54×80

答えは
69ページ

月　日

8 かけ算の筆算 (2)
(2けた)×(2けた)の計算 ①

／100点

1 かけ算をしましょう。　1つ11〔22点〕

❶
	2	2
×	3	4

1 22×4の計算をする。
2 22×3の計算をして、左へ1けたずらして書く。
3 たし算をする。

❷
	1	5
×	2	6

2 かけ算をしましょう。　1つ13〔78点〕

❶
	4	0
×	2	1

❷
	3	1
×	1	2

❸
	1	4
×	2	3

❹
	5	7
×	1	2

❺
	4	8
×	1	9

❻
	2	9
×	3	3

答えは
70ページ

8 かけ算の筆算 (2)
(2けた)×(2けた)の計算 ①

／100点

1 かけ算をしましょう。 1つ10〔30点〕

❶ $\begin{array}{r} 43 \\ \times 22 \\ \hline \end{array}$

❷ $\begin{array}{r} 50 \\ \times 18 \\ \hline \end{array}$

❸ $\begin{array}{r} 28 \\ \times 31 \\ \hline \end{array}$

2 かけ算をしましょう。 1つ10〔30点〕

❶ 21×43　❷ 20×32　❸ 33×27

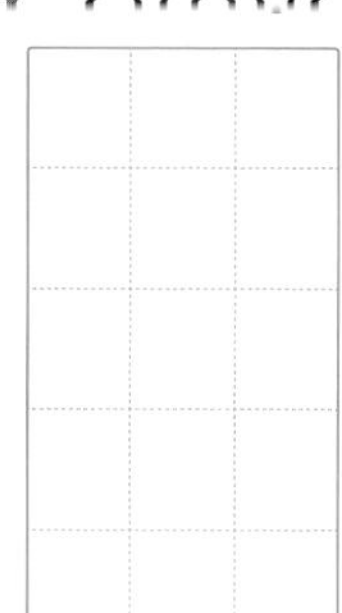

3 かけ算をしましょう。 1つ10〔40点〕

❶ 40×22

❷ 49×15

❸ 17×42

❹ 38×26

答えは
70ページ

月　日

8 かけ算の筆算 (2)
(2けた)×(2けた)の計算 ②

／100点

1 かけ算をしましょう。　1つ11〔22点〕

❶
```
    4 2
  × 4 3
```

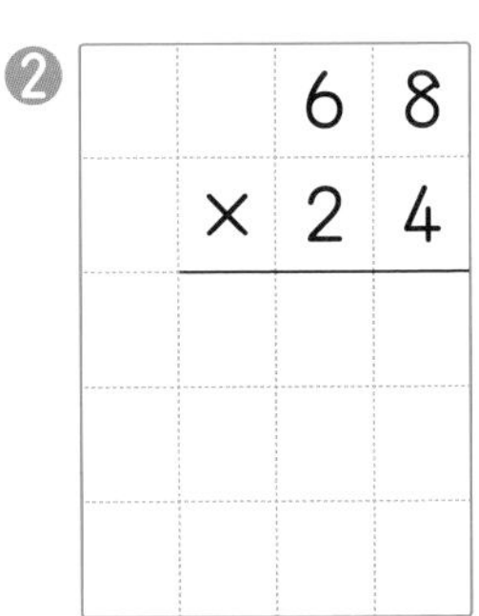

❷
```
    6 8
  × 2 4
```

2 かけ算をしましょう。　1つ13〔78点〕

❶
```
    3 7
  × 3 3
```

❷
```
    5 3
  × 6 2
```

❸
```
    6 7
  × 4 8
```

❹
```
    7 1
  × 5 9
```

❺
```
    8 8
  × 6 4
```

❻
```
    4 6
  × 7 5
```

答えは
70ページ

月　日

8 かけ算の筆算 (2)
(2けた)×(2けた)の計算 ②

／100点

1 かけ算をしましょう。　1つ10〔30点〕

❶
```
  25
×76
```

❷
```
  38
×56
```

❸
```
  86
×53
```

2 かけ算をしましょう。　1つ10〔30点〕

❶ 57×72　❷ 22×85　❸ 55×69

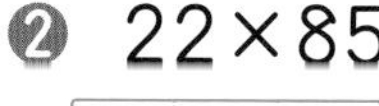

3 かけ算をしましょう。　1つ10〔40点〕

❶ 27×73　❷ 94×39

❸ 82×35　❹ 66×26

答えは
70ページ

月　　日

8 かけ算の筆算 (2)
(3けた)×(2けた)の計算 ①

／100点

1 かけ算をしましょう。　1つ11〔22点〕

❶
	3	1	2
×		3	2

1 312×2 の計算をする。
2 312×3 の計算をして、左へ1けたずらして書く。
3 たし算をする。

❷
	2	8	5
×		2	3

2 かけ算をしましょう。　1つ13〔78点〕

❶
	2	1	3
×		3	3

❷
	4	0	2
×		2	2

❸
	3	2	2
×		2	7

❹
	3	1	5
×		2	9

❺
	2	5	2
×		3	8

❻
	4	6	2
×		1	5

答えは
70ページ

月　日

／100点

8 かけ算の筆算 (2)

(3けた)×(2けた)の計算 ①

1 かけ算をしましょう。　1つ10〔30点〕

❶
```
  315
×  25
```

❷
```
  543
×  18
```

❸
```
  255
×  37
```

2 かけ算をしましょう。　1つ10〔30点〕

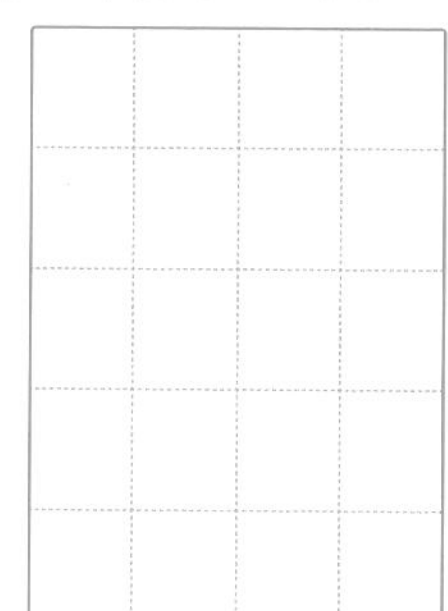

3 かけ算をしましょう。　1つ10〔40点〕

❶ 632×14　❷ 332×28

❸ 340×26　❹ 208×35

答えは 71ページ

月　　日

8 かけ算の筆算 (2)
(3けた)×(2けた)の計算 ②

／100点

1 かけ算をしましょう。　1つ11〔22点〕

❶

	3	3	5
×		4	2

1 335×2 の計算をする。
2 335×4 の計算をして、左に1けたずらして書く。
3 たし算をする。

❷

	5	0	8
×		3	6

2 かけ算をしましょう。　1つ13〔78点〕

❶

	4	4	7
×		2	9

❷

	7	3	8
×		5	7

❸

	5	6	5
×		7	8

❹

	8	3	9
×		9	5

❺

	6	0	8
×		8	2

❻

	3	2	2
×		6	4

答えは 71ページ

月　　日

8 かけ算の筆算 (2)
(3けた)×(2けた)の計算 ②

／100点

1 かけ算をしましょう。　1つ10〔30点〕

❶
```
  692
×  24
```

❷
```
  421
×  98
```

❸
```
  959
×  15
```

2 かけ算をしましょう。　1つ10〔30点〕

❶ 782×35　　❷ 815×44　　❸ 934×18

3 かけ算をしましょう。　1つ10〔40点〕

❶ 364×52　　❷ 529×84

❸ 157×79　　❹ 906×96

答えは
71ページ

月　　日

9 かけ算のまとめ (2)

／100点

1 かけ算をしましょう。　1つ10〔30点〕

❶ $\begin{array}{r} 83 \\ \times 50 \\ \hline \end{array}$

❷ $\begin{array}{r} 97 \\ \times 63 \\ \hline \end{array}$

❸ $\begin{array}{r} 538 \\ \times 84 \\ \hline \end{array}$

2 かけ算をしましょう。　1つ10〔30点〕

❶ 65×79

❷ 704×45

❸ 187×36

3 かけ算をしましょう。　1つ10〔40点〕

❶ 32×47

❷ 452×77

❸ 647×52

❹ 264×68

答えは
71ページ

月　日

9 かけ算のまとめ (2)

／100点

1 かけ算をしましょう。　1つ10〔30点〕

❶ $\begin{array}{r} 70 \\ \times\ 68 \\ \hline \end{array}$　❷ $\begin{array}{r} 287 \\ \times\ 39 \\ \hline \end{array}$　❸ $\begin{array}{r} 863 \\ \times\ 74 \\ \hline \end{array}$

2 かけ算をしましょう。　1つ10〔30点〕

❶ 45×56　❷ 668×97　❸ 349×45

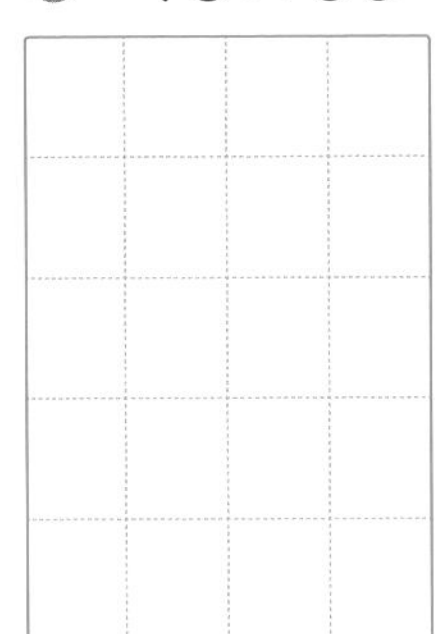

3 かけ算をしましょう。　1つ10〔40点〕

❶ 59×24　❷ 945×57

❸ 745×62　❹ 496×83

答えは 71ページ

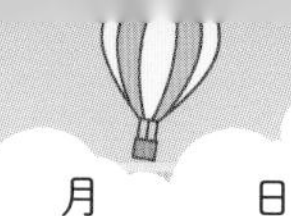

月　　日

10 □を使った式

□にあてはまる数 ①

／100点

1 □にあてはまる数を書きましょう。　1つ6〔36点〕

❶ 6×□＝48

❷ 5×□＝35

❸ 9×□＝18

❹ □×7＝49

❺ □×2＝16

❻ □×4＝24

★ □にあてはまる数は、わり算でもとめることができる。
❶ □＝48÷6
❹ □＝49÷7

2 □にあてはまる数を書きましょう。　1つ8〔64点〕

❶ 4×□＝20

❷ □×9＝81

❸ 8×□＝24

❹ □×7＝14

❺ 3×□＝27

❻ □×6＝24

❼ 1×□＝6

❽ □×3＝21

答えは
71ページ

10 □を使った式
□にあてはまる数 ①

／100点

1 □にあてはまる数を書きましょう。　1つ5〔100点〕

❶ 6×□=12　❷ 7×□=28

❸ 6×□=18　❹ 9×□=9

❺ 5×□=10　❻ □×3=6

❼ □×4=12　❽ □×9=45

❾ □×2=4　❿ □×5=5

⓫ 1×□=1　⓬ 3×□=3

⓭ 4×□=8　⓮ 9×□=36

⓯ 8×□=40　⓰ □×5=20

⓱ □×4=16　⓲ □×6=54

⓳ □×9=72　⓴ □×8=32

答えは
72ページ

きほん 29

月　　日

10 □を使った式
□にあてはまる数 ②

／100点

1 □にあてはまる数を書きましょう。　1つ6〔36点〕

❶ □÷7＝4

❷ □÷5＝5

❸ □÷8＝6

❹ 54÷□＝9

❺ 35÷□＝7

❻ 72÷□＝8

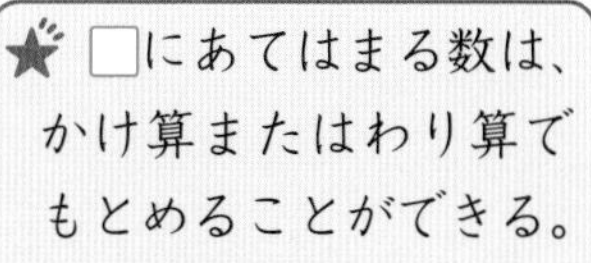

★ □にあてはまる数は、かけ算またはわり算でもとめることができる。
❶ □＝7×4
❹ □＝54÷9

2 □にあてはまる数を書きましょう。　1つ8〔64点〕

❶ □÷4＝6　　❷ 32÷□＝8

❸ □÷6＝7　　❹ 63÷□＝9

❺ □÷3＝7　　❻ 18÷□＝2

❼ □÷7＝7　　❽ 40÷□＝5

答えは 72ページ

月　日

10 □を使った式
□にあてはまる数 ②

／100点

1 □にあてはまる数を書きましょう。 1つ5〔100点〕

❶ 5÷□＝5　　❷ 45÷□＝9

❸ 36÷□＝6　　❹ 12÷□＝4

❺ 18÷□＝3　　❻ □÷8＝8

❼ □÷1＝7　　❽ □÷7＝2

❾ □÷4＝5　　❿ □÷3＝3

⓫ 24÷□＝8　　⓬ 8÷□＝8

⓭ 16÷□＝8　　⓮ 15÷□＝5

⓯ 8÷□＝4　　⓰ □÷2＝5

⓱ □÷9＝3　　⓲ □÷6＝5

⓳ □÷4＝9　　⓴ □÷8＝7

答えは
72ページ

月　日

力だめし ①

／100点

1 □にあてはまる数を書きましょう。　1つ10〔40点〕

❶ $3\times9=3\times(\square+2)=3\times\square+\square\times2$

❷ $2\times5+2\times3=\square\times(5+3)$

❸ $4\times7-4\times2=4\times(\square-2)$

❹ $0\times5=\square+\square+\square+\square+\square$

$=\square$

2 かけ算をしましょう。　1つ6〔60点〕

❶ 6×8

❷ 0×2

❸ 1×9

❹ 10×4

❺ 3×10

❻ 5×0

❼ 0×0

❽ 7×5

❾ 10×0

❿ 5×1

答えは
72ページ

月　　日

10分

力だめし ②

／100点

1 わり算をしましょう。　1つ5〔40点〕

❶ 56÷7　❷ 42÷6

❸ 36÷9　❹ 6÷3

❺ 0÷9　❻ 24÷4

❼ 10÷5　❽ 7÷1

2 わり算をしましょう。　1つ6〔60点〕

❶ 47÷6　❷ 16÷9

❸ 22÷3　❹ 51÷8

❺ 48÷9　❻ 33÷4

❼ 55÷7　❽ 62÷8

❾ 43÷5　❿ 66÷7

答えは
72ページ

月　日

力だめし ③

／100点

1 わり算をしましょう。また、答えのたしかめもしましょう。 1つ5〔20点〕

❶ 11÷8

たしかめ（　　　　　　　　　　）

❷ 80÷9

たしかめ（　　　　　　　　　　）

2 かけ算をしましょう。 1つ8〔80点〕

❶ 53×10

❷ 600×7

❸ 30×40

❹ 88×1

❺ 18×5

❻ 142×3

❼ 429×2

❽ 381×5

❾ 287×6

❿ 507×7

答えは
72ページ

月　　日

力だめし ④

／100点

1 かけ算をしましょう。　1つ6〔60点〕

❶ 3×80　　❷ 200×73

❸ 30×90　　❹ 57×30

❺ 34×28　　❻ 74×53

❼ 82×45　　❽ 295×32

❾ 463×74　　❿ 528×62

2 □にあてはまる数を書きましょう。　1つ5〔40点〕

❶ $2\times\square=2$　　❷ $6\times\square=42$

❸ $\square\times3=12$　　❹ $\square\times9=63$

❺ $4\div\square=4$　　❻ $30\div\square=5$

❼ $\square\div7=6$　　❽ $\square\div1=9$

答えは72ページ

1 3・4ページ

1 ❶ 8 ❷ 81 ❸ 24 ❹ 15
❺ 3 ❻ 42 ❼ 35 ❽ 16
❾ 24 ❿ 40 ⓫ 28 ⓬ 18
⓭ 64 ⓮ 7 ⓯ 30 ⓰ 18
⓱ 63 ⓲ 16 ⓳ 54 ⓴ 2

★ ★ ★

1 ❶ 40 ❷ 27 ❸ 48 ❹ 14
❺ 49 ❻ 72 ❼ 45 ❽ 36
❾ 54 ❿ 12 ⓫ 4 ⓬ 25
⓭ 4 ⓮ 56 ⓯ 12 ⓰ 45
⓱ 24 ⓲ 8 ⓳ 6 ⓴ 28

2 5・6ページ

1 ❶ 9 ❷ 6、24
❸ 8、24 ❹ 5 ❺ 7
2 ❶ 6、6、3 ❷ 9、3、3
❸ 2、4 ❹ 6、1

★ ★ ★

1 ❶ 8 ❷ 4 ❸ 7 ❹ 4
❺ 8 ❻ 5 ❼ 3、3、5
❽ 8、9、2 ❾ 4、6
❿ 5、7

3 7・8ページ

1 ❶ 0 ❷ 0、0、0 ❸ 0
❹ 9、27、3、30
❺ 10、10、10、30
❻ 3、3、30
2 ❶ 0 ❷ 0 ❸ 0 ❹ 0
❺ 50 ❻ 70 ❼ 90 ❽ 40

★ ★ ★

1 ❶ 0 ❷ 0 ❸ 0 ❹ 0
❺ 0 ❻ 0 ❼ 0 ❽ 0
2 ❶ 20 ❷ 20 ❸ 90 ❹ 60
❺ 60 ❻ 50 ❼ 80 ❽ 80
❾ 10 ❿ 70

4 9・10ページ

1 ❶ 4 ❷ 5 ❸ 3 ❹ 4
❺ 5 ❻ 3
2 ❶ 8 ❷ 5 ❸ 4 ❹ 6
❺ 8 ❻ 6 ❼ 4 ❽ 6

★ ★ ★

1 ❶ 8 ❷ 5 ❸ 6 ❹ 3
❺ 2 ❻ 5 ❼ 3 ❽ 3
❾ 4 ❿ 9 ⓫ 8 ⓬ 7
⓭ 1 ⓮ 7 ⓯ 9 ⓰ 2
⓱ 9 ⓲ 5 ⓳ 6 ⓴ 7

5 11・12ページ

1 ❶ 9 ❷ 9 ❸ 0 ❹ 9
❺ 9 ❻ 0

2 ❶ 4 ❷ 6 ❸ 2 ❹ 7
❺ 3 ❻ 5 ❼ 5 ❽ 0

★ ★ ★

1 ❶ 5 ❷ 8 ❸ 3 ❹ 4
❺ 0 ❻ 7 ❼ 6 ❽ 3
❾ 5 ❿ 6 ⓫ 0 ⓬ 6
⓭ 4 ⓮ 8 ⓯ 2 ⓰ 7
⓱ 0 ⓲ 2 ⓳ 3 ⓴ 8

6 13・14ページ

1 ❶ 2 ❷ 7 ❸ 8 ❹ 7
❺ 8 ❻ 7 ❼ 3 ❽ 6
❾ 2 ❿ 3 ⓫ 6 ⓬ 9
⓭ 7 ⓮ 7 ⓯ 9 ⓰ 5
⓱ 0 ⓲ 0 ⓳ 1 ⓴ 1

★ ★ ★

1 ❶ 9 ❷ 3 ❸ 2 ❹ 6
❺ 9 ❻ 9 ❼ 7 ❽ 5
❾ 4 ❿ 4 ⓫ 8 ⓬ 9
⓭ 4 ⓮ 8 ⓯ 9 ⓰ 9
⓱ 0 ⓲ 0 ⓳ 1 ⓴ 1

7 15・16ページ

1 ❶ 4 ❷ 4 ❸ 4
2 ❶ 6 ❷ 6 ❸ 5 ❹ 9
❺ 7 ❻ 8 ❼ 9

★ ★ ★

1 ❶ 8 ❷ 5 ❸ 7 ❹ 4
❺ 3 ❻ 8 ❼ 5 ❽ 9
❾ 5 ❿ 7

8 17・18ページ

1 ❶ 4、1、10
❷ 40、10、12
2 ❶ 40 ❷ 10 ❸ 20 ❹ 13
❺ 23 ❻ 11 ❼ 12 ❽ 31

★ ★ ★

1 ❶ 10 ❷ 20 ❸ 10 ❹ 30
❺ 10 ❻ 10
2 ❶ 22 ❷ 21 ❸ 14 ❹ 22
❺ 32 ❻ 42 ❼ 11 ❽ 34
❾ 11 ❿ 21

9 19・20ページ

1 ❶ 3、2 ❷ 9、4 ❸ 3、3
❹ 3、2 ❺ 3、1 ❻ 8、2
2 ❶ 7あまり1 ❷ 7あまり2
❸ 5あまり5 ❹ 9あまり3
❺ 9あまり3 ❻ 2あまり4
❼ 4あまり3 ❽ 5あまり2

★ ★ ★

1 ❶ 5あまり2 ❷ 5あまり3
❸ 6あまり1 ❹ 8あまり2
❺ 8あまり1 ❻ 6あまり2
❼ 6あまり2 ❽ 5あまり1
❾ 6あまり3 ❿ 8あまり2
⓫ 4あまり2 ⓬ 8あまり2
⓭ 7あまり3 ⓮ 6あまり2
⓯ 3あまり4 ⓰ 4あまり2
⓱ 7あまり4 ⓲ 9あまり1
⓳ 7あまり3 ⓴ 4あまり1

10 21・22ページ

1 ❶ 5、6 ❷ 2、2 ❸ 8、3
❹ 5、4 ❺ 2、2 ❻ 2、4
2 ❶ 3あまり6 ❷ 4あまり1

③ 6あまり1　④ 3あまり7
⑤ 3あまり3　⑥ 8あまり2
⑦ 5あまり2　⑧ 7あまり4

★ ★ ★

1 ① 3あまり4　② 3あまり8
③ 5あまり5　④ 3あまり6
⑤ 5あまり1　⑥ 3あまり5
⑦ 3あまり6　⑧ 4あまり8
⑨ 4あまり1　⑩ 5あまり5
⑪ 2あまり5　⑫ 5あまり5
⑬ 3あまり4　⑭ 5あまり3
⑮ 1あまり6　⑯ 1あまり5
⑰ 4あまり7　⑱ 7あまり3
⑲ 4あまり2　⑳ 3あまり5

11

23・24ページ

1 ① 9あまり2　② 2あまり7
③ 2あまり1　④ 2あまり5
⑤ 2あまり6　⑥ 9あまり1
⑦ 1あまり1　⑧ 3あまり1
⑨ 5あまり3　⑩ 5あまり4
⑪ 1あまり2　⑫ 3あまり7
⑬ 6あまり2　⑭ 4あまり1
⑮ 2あまり1　⑯ 4あまり4
⑰ 1あまり3　⑱ 5あまり2
⑲ 4あまり5　⑳ 9あまり2

★ ★ ★

1 ① 2あまり4　② 5あまり4
③ 7あまり1　④ 5あまり1
⑤ 3あまり2　⑥ 3あまり3
⑦ 6あまり1　⑧ 2あまり2
⑨ 1あまり1　⑩ 8あまり1
⑪ 4あまり3　⑫ 6あまり3
⑬ 4あまり5　⑭ 5あまり2
⑮ 6あまり4　⑯ 1あまり2
⑰ 1あまり7　⑱ 6あまり2
⑲ 3あまり3　⑳ 7あまり8

12

25・26ページ

1 2、1、7

2 ① 5あまり3
たしかめ $4 \times 5 + 3 = 23$
② 4あまり3
たしかめ $8 \times 4 + 3 = 35$
③ 6あまり3
たしかめ $5 \times 6 + 3 = 33$
④ 8あまり4
たしかめ $7 \times 8 + 4 = 60$

★ ★ ★

1 ① 7あまり1　② 9あまり1
③ 8あまり3　④ 6あまり5

2 ① 8あまり3
たしかめ $4 \times 8 + 3 = 35$
② 2あまり3
たしかめ $5 \times 2 + 3 = 13$
③ 5あまり3
たしかめ $7 \times 5 + 3 = 38$
④ 8あまり1
たしかめ $3 \times 8 + 1 = 25$
⑤ 8あまり2
たしかめ $9 \times 8 + 2 = 74$

13

27・28ページ

1 ① 8あまり1　② 5
③ 3あまり4　④ 2あまり2
⑤ 4あまり7　⑥ 8

❼ 1　❽ 6あまり1
❾ 6あまり1　❿ 4
⓫ 9　⓬ 7あまり7
⓭ 1　⓮ 7あまり2
⓯ 4あまり2　⓰ 6あまり6
⓱ 2　⓲ 7あまり2
⓳ 2あまり3　⓴ 3

★ ★ ★

1 ❶ 9　❷ 8あまり3
❸ 4あまり3　❹ 1
❺ 9あまり2　❻ 5あまり1
❼ 3あまり3　❽ 7
❾ 9あまり1　❿ 8あまり6
⓫ 3　⓬ 2
⓭ 3あまり1　⓮ 3あまり2
⓯ 3あまり1　⓰ 2
⓱ 9　⓲ 2あまり1
⓳ 6あまり6　⓴ 4

14 29・30ページ

1 ❶ 190　❷ 5200
❸ 72350　❹ 48000
❺ 625000　❻ 33000
❼ 92　❽ 88
❾ 260　❿ 380
2 ❶ 270　❷ 8500
❸ 6900　❹ 770000
❺ 48

★ ★ ★

1 ❶ 440　❷ 9800
❸ 33　❹ 75000
❺ 59　❻ 820
❼ 6100　❽ 76
❾ 6450　❿ 100000
⓫ 37　⓬ 58000
⓭ 6650　⓮ 450
⓯ 7000　⓰ 32800
⓱ 560　⓲ 5260
⓳ 91000　⓴ 83000

15 31・32ページ

1 ❶ 68　❷ 69
2 ❶ 39　❷ 98　❸ 84　❹ 84
❺ 90　❻ 88　❼ 64　❽ 88

★ ★ ★

1 ❶ 86　❷ 99　❸ 48　❹ 73
❺ 66　❻ 80
2 ❶ 96　❷ 80　❸ 66
3 ❶ 28　❷ 82　❸ 46　❹ 63

16 33・34ページ

1 ❶ 72　❷ 72
2 ❶ 87　❷ 74　❸ 91　❹ 96
❺ 90　❻ 96　❼ 96　❽ 75

★ ★ ★

1 ❶ 56　❷ 78　❸ 85　❹ 98
❺ 81　❻ 78
2 ❶ 80　❷ 76　❸ 84
3 ❶ 84　❷ 70　❸ 95　❹ 92

17 35・36ページ

1 ❶ 824　❷ 906
2 ❶ 639　❷ 488　❸ 840
❹ 800　❺ 993　❻ 228
❼ 468　❽ 822

★ ★ ★